恐龙小Q

哇，科学可以这样学

这就是 数学

恐龙小 Q 少儿科普馆　编

北京出版集团
北京出版社

目录

你喜欢数学吗？
可能你会摇摇头，觉得数学实在太难了，
尤其一想到满是数字的考卷……唉！
其实呢，数学没有那么难，
我们的大脑对数字、图形天生具有敏感度。
而且你要知道——
真正在数学学习上有难度的人是极少数的。
只需要拿出一些时间来练习，你就能掌握学习数学的技巧，
然后终身受用。

万物有数学

数学……
王国？

1 数学是怎么来的？

在远古时候，人类祖先需要清点他们的猎物，便有了数数的需要。这样一来，"数"和"数字"就悄悄地萌芽了。

那个……

2 数学有什么用？

数学和生活有着非常紧密的联系，从我们穿的衣服、住的房子，到汽车、飞机、宇宙飞船等都涉及数学，数学在这个世界上无处不在。

3 数学有魔力

先有鸡，还是先有蛋？白马是不是马？井盖为什么不做成三角形？谁是嫌犯，谁是真凶？这些问题都蕴含了丰富的数学逻辑。不仅如此，数学还具有魔力，古人甚至利用这个"魔力"算出了地球的大小。

我们是不是先问问……

等一下！

你到底是谁？干吗来的？

哦，对哦，你是谁？

新来的朋友。

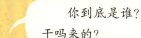

我是圆规小妹……刚刚才来到这里……

我猜她是老圆规的接班人！

数的起源

加油啊。

辛苦你一起来找老圆规啦。

我很愿意做这件事。

数数的原始人

书里面有什么？

太阳是"1"

人们学会数数，应该是从数太阳开始的，太阳只有一个，想表示"1"时，就说"和太阳一样多"，用同样的办法，"2"就用"鸟的两个翅膀"来表示。

2 掰指头

后来人们用手指和脚趾来数数，如果想知道家里有多少头牲畜，就会喊来一家老小，一起掰指头数。

我去捉一些回来。

家里的鱼还剩"和太阳一样多"！

☀ = 1

🕊 = 2

3 利用石子

"找人数数"毕竟不方便，所以就有了用小石头来计数的办法，与指头比起来，石头可是想要多少有多少。

牧羊人带着和羊同样多的石子，每过一只羊便拿一个石子。

天哪，丢了一只羊！

下一个鸡蛋画一道儿。

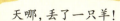

不同的绳结，代表不一样的数哦。

为了方便，画道儿分成了一组一组。

1 2 3 4 5 6 7 8

小知识

一只手伸着有
5 个指头 =5
两只手 =10
两只手和一只脚 =15
一个人 =20

4 画道儿和打绳结

为了更方便记录更多的数，人们学会了画道儿和打绳结。

打绳结真是个辛苦活儿。

"画数"可真方便……

5 把数画出来

有时计数会是个大工程，比如建设宫殿，数又大又多，记录起来真是费力。想要解决这个问题，聪明的古人找到了"画数"的方式。

一个符号就能代表一个大数。

原来"数"是这样形成的！

古老而年轻的数字

刻在黏土上的符号

这些古巴比伦数字，是用尖木棍在泥板上刻出来的，它们是由 1 和 10 两个符号组成，据说是模仿钉子和楔子形状，所以被叫作"楔形文字"。

2 图画一样的数字

这是古埃及数字，看上去就像图画一样，所以是"象形文字"。

我举起了一个好大好大的数！

天啊，我们钻进了钟表里！

这是数字时空，你看那些人……

快来！

等等我们！

3 豆子、木棍和贝壳

玛雅数字由 3 个符号组成，分别是豆子、木棍和贝壳。

4 使用至今的古老数字

IVXLCDM

古罗马人用 7 个字母组成了罗马数字。这些数字一直被用到了现在，它们在生活中最常见的应用就是钟表上的刻度。

这 3 个符号的来源跟手有关。

"I"像一根手指头，代表"1"；
"V"像拇指和食指张开的形状，代表"5"；
"X"代表两只手数的数——"10"。

5 大名鼎鼎的数字

我们现在常用的数字，是印度人发明的，然后是由阿拉伯人传开的，所以被叫作"阿拉伯数字"。

别着急，我们慢慢找。

这可是圆规爷爷最喜欢来的地方……

不简单的数

要去哪儿？

数字派对。我们也许能在那儿打听到圆规爷爷的下落！

1 "什么都没有"的数

0是最后发明的数，很早以前人们用"空位"代表它，后来为了方便，人们发明了各种表示"0"的符号，比如玛雅人的贝壳符号。

古印度数学家最早是在沙子上进行计算，他们发现鹅卵石被拿走之后留下的痕迹是一个圈，所以决定用一个圈代表"0"。

2 非常大的数

世界上有没有最大的数呢？古希腊的阿基米德就思考过这个问题。

它就是古戈尔。

$$10000000000000000000000000000000000000000000000000000000000000000000000000000000000000000000000000000$$

那么这个数究竟有多大呢？

用多少粒沙子才能将宇宙填满呢？

① 把全世界的沙子都加在一起，得出的数都超不过古戈尔。

② 把整个星系的星星加在一起，得出的数还比古戈尔小很多。

比古戈尔更大的数"googolplex（古戈尔普勒克斯）"——1后面有古戈尔个0。在1的后面要写一万亿亿亿亿亿亿亿亿亿亿亿个零。零实在是太多啦！

有形状的数

在数学里，还有三角形的数，用3颗石子可以摆成一个三条边都一样长的三角形，同样用6颗、10颗就能摆成更大的三角形，所以1、3、6、10等数被叫作"三角形数"。

1　3　6　10

除此之外，还有五边形数、六边形数，等等。

5　6

你才倒立……

你是在倒立吗？

你的腰可真细。

际上神通广大：

"0"，表示什么都没有，好像很没用，但它实

它能让一个数一无所有。

999×0=0

也能让一个数"身价倍增"。

5000

哈哈，我因为加了三个"0"，现在是你的1000倍了。

数字趣谈

就是这个盒子，没错！

嘘，你听！有人在说话……

你们知道吗？

会不会是老圆规？

我看见马博士偷偷往一个盒子里装东西！

世界上竟有不用数字的人呢！

没意思，我来讲一个……

数字还有"好""坏"呢！

动物会计数

鸭妈妈带着小鸭出去游泳的时候，会认真记住自己的每一个孩子，即便遇到恶劣天气和紧急情况也不会漏掉任何一个，这就是"动物的计数"。

不用数字的人

坦桑尼亚的哈扎人不会数数，他们的语言里没有超过 3 的数字。

亚马孙热带雨林中的一些人只能数到 2，比 2 大的数就用"很多"来表示。

看，很多大象。

"好"数字，"坏"数字

中国人喜欢"8"，韩国人喜欢"3"，泰国人把"9"当作幸运数字，而西方人认为"7"是事情圆满成功的象征。

你知道胡子的生长速度吗?

胡子一秒钟生长5纳米。

用数字来表达

数字可以表达很多意义,叫作"指数",比如风的大小、声音的高低、辣度、臭味等等。例如:胡子的生长速度,叫作"胡子秒"。

发财

嘻嘻

幸运

更上一层楼

中国人不喜欢18,而西方人则将13看作不祥的数字。

哎,原来盒子里装的是国际象棋。

别灰心。

对不起,我错了。

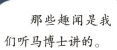

那些趣闻是我们听马博士讲的。

运算符号的由来

人们最初学会运算的时候还没有符号。表示加法时，就把两个数字放在一起；表示减法时，就让两个数字离得远一点。

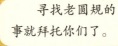

寻找老圆规的事就拜托你们了。

我们一定会竭尽所能！

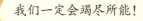

这里面有没有？

加号"＋"和减号"－"

卖葡萄酒的商人从酒桶取出酒后，就画一条横线"－"表示还剩多少，而有新酒注入，就将原来的横线画掉，画成"＋"。

数学家魏德曼从红酒商那里获得了灵感，发明了表示增加的"＋"和表示减少的"－"。

魏德曼

英国人列科尔德发明了等号"＝"。

列科尔德

没有比两条平行又一样长的线段，更能表现"等于"。

2 乘号 "×"

"×"发明之前，人们用五花八门的缩写来表示乘法。

我是乘号。

我也是乘号！

而数学家奥特雷德发明了"×"，他觉得乘法就是另外一种形式的相加，便直接把"+"转成"×"作为了乘法符号。

奥特雷德

3 除号 "÷"

找人可不是简单的事！

除号出现之前，阿拉伯人用"—"表示除法，而英国数学家用"："表示除法。

后来瑞士数学家哈纳在一次除法计算时，突然想到把"—"和"："结合起来，这便形成了"÷"。

用"÷"就可以表示除法了！

哈纳

英国数学家T.哈里奥特发明了大于号"＞"和小于号"＜"。

这样表达"大于""小于"最简单了。

$5 > 2$
$2 < 5$

T.哈里奥特

妙趣横生的算数

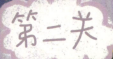

第二关

```
____ ÷ 19 = 6332
____ ÷ 19 = 63332
____ ÷ 19 = 633332
```

数字魔力工厂

数字魔力工厂？

我们需要穿过这里。

计算，我可不太行。

我也是……

写出结果，才能通过。

这可难不倒我们！

第一关

```
____ × 9 = 111111111
____ × 18 = 222222222
____ × 27 = 333333333
____ × 36 = 444444444
答案：12345679
```

这个简单！

"缺8数"

在数字世界，有一个神奇的数，它是12345679，这个数字里没有"8"，所以我们叫它"缺8数"。

这个数乘以9的倍数——9、18、27、36，……会得出一些每个数位都相同的数字。

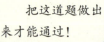

把这道题做出来才能通过！

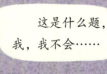

这是什么题，我，我不会……

奇妙的 12008

12008 是个奇妙的 5 位数，可以被 19 整除：12008÷19=632。它的神奇之处在于：只要在两个 0 之间加入任意多个 3，得出的数都可以被 19 整除。

如果了解这个数，题板中的题目就能轻易答出来：

120308、1203308、12033308。

120308

第三关

_____ ×1=142857   _____ ×2=285714

_____ ×3=428571   _____ ×4=571428

_____ ×5=714285   _____ ×6=857142

142857

按规矩办事，先做题……

这个也不难！

好厉害！

不知道大家是否发现这 6 组得出的数字神奇在什么地方，仔细看的朋友也许发现了，右边得出的 6 个数，其实是变了数字位置的"1、4、2、8、5、7"。

我们假想 1、4、2、8、5、7 是 6 个站岗的卫兵，一周中的每天，它们列队的顺序都不一样。第七天怎么办？它们 6 个该休息了，谁来呢？

试试 142857×7，算算看等于几？答案是 999999。

噢，那就让这个大家伙出来站岗吧。

无须笔的计算 ——估算和速算

估算

①

■ **怎样算出一棵树上有多少叶子？**

我并没有真的数过树上的每一片树叶，我只是做了估算。首先我数了几根细枝上的树叶，每根细枝上大约有 8 片树叶。

7 片树叶　　8 片树叶　　9 片树叶

② 接着，我观察了六七根大枝，发现每个大枝上都有 4~6 根细枝，我们可以假设每根大枝上都有 5 根细枝。

4 根细枝　　5 根细枝　　6 根细枝

③ 最后，我数了大枝的数目，这棵树大概有 30 根大枝，然后将所有数字相乘，得出的便是这棵树大概的树叶数目。

我明白了，原来你是估算出来的。

8 片树叶 ×5 根细枝 ×30 根大枝 =1200 片树叶

18

速算也是一种能够快速计算出结果的运算方式。

① ■ 与 11 相乘

多位数与 11 相乘，乘积的首末位数字（个位、百位数）是被乘数的首末位数字，中间数是被乘数前一位数和后一位数顺次相加。

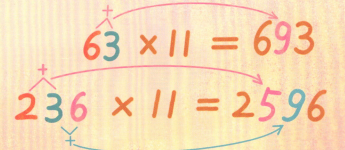

$$63 \times 11 = 693$$

$$236 \times 11 = 2596$$

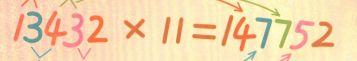

$$13432 \times 11 = 147752$$

只要记住 11 就是 10+1，那么有关 11 的乘法就会很简单。所有的数乘以 11 都可以简化为这个数乘 10 再加自己本身。

② ■ 十几乘十几

乘积，乘数加被乘数的"尾"数放在前，乘数与被乘数的尾数相乘放在后。

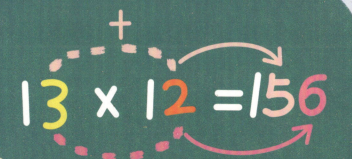

$$13 \times 12 = 156$$

③ ■ 一百零几乘一百零几

前数加后数尾放在乘积前面，尾乘尾得出的数放在乘积后面。

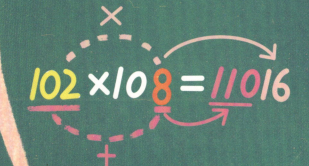

$$102 \times 108 = 11016$$

生活中的测量

嗯？ 嗯？

天啊！你会说话？

欢迎来到测量博物馆，我是这里的小马卫士。

走吧，我带你进去。

听说老圆规来过这里……

嗯，没错。

测量博物馆

我们生活中离不开测量，例如测身高、测体重、测体温等。

量布匹

人身上穿的衣服，每个部位都要合尺寸，如果尺寸不对的话，衣服穿起来就会不合身。

测身高

测体重

测体温

36.7℃

在超市，有一种常见的称重工具，那就是电子秤。不管是水果还是蔬菜，只要放到秤上称一称，马上就能知道质量。

0.001 kg

称重

测距离

测血压

测绘

计时

配比例

测成分

哇，原来大家都在啊！

测量内容	国际标准单位符号
长度	米（m）
质量	千克（kg）
时间	秒（s）
电流	安培（A）
热力学温度	开尔文（K）
物质的量	摩尔（mol）
发光强度	坎德拉（cd）

用身体当尺子

老圆规上次来，他听我讲了一些"身体尺子"的故事……

身体尺子？那是什么？

早期的人们没有"米、分米、厘米"的概念，如果你穿越到那个时候对他们说"身高一米六"，对方根本不知道你在说什么。

那他们是怎么计量的呢？

1腕尺

古埃及法老胡夫曾用自己的一条胳膊当尺子。他将从自己胳膊肘到中指尖端的距离定为1腕尺。

1腕尺

胡夫金字塔就是以"腕尺"为标准建造的。

1英尺

人们有一段时期曾用脚来测量。因为人的脚丫有长有短，所以他们就选了16个男人，然后将这16个男人左脚长的平均值作为了"1英尺"的标准长度。

中国古代的测量单位

这是"1拃（zhǎ）"。

这是"1庹（tuǒ）"。

而这个距离，就是"1步"。

1拃

1庹

1步

奇妙的测量单位

① 英王亨利一世从鼻尖到拇指的最大距离，定为"1码"。

② 古希腊美男库里修斯双臂展开的距离，定为"1寻"。

③ 英王埃德加拇指关节的宽度，定为"1英寸"。

这是为什么呢？

"马屁股"宽

你知道吗？除了人的身体，马的身体也能用来计量，标准的火车轨道宽度其实就是"两个马屁股的距离"。

古罗马时期，战车是由两匹马拉着的，所以那时的人们依据马屁股宽设置了车轮宽，然后又依据车轮宽设置了马路宽，马路宽间接决定了铁轨宽……这就是国际标准轨距的由来。

驾！

嗨哟！嗨哟！

1435 毫米

我真的没用了……

老圆规听完哭了……

圆规爷爷为什么这么说呢？

23

时间的那些事儿

最早的钟

人们最早能够利用的时间工具是太阳，通过观察太阳，来确定是"再打一会儿猎"还是"赶紧回家"。

你们知道时间是什么吗？

① 通过直接观察太阳的位置，能粗略地知道早、中、晚的时间。

② 通过观察被太阳照射到的物体投下的影子的长短，也能知道大致的时间。

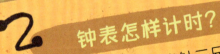
2 钟表怎样计时？

钟表里面有表针三兄弟，通常情况下最长、最细的是秒针，最短的是时针，分针走一小格是1分钟，走一大格是5分钟，秒针跳一下是1秒钟，而时针走一个大格是1小时。

③ 通过观察日晷指针的投影所在的位置，能知道相对精准的时间。

3 时间的长度

1 秒钟：时间的基本单位

1 分钟：60 秒

1 小时：60 分钟

1 天：24 小时

1 周：7 天

1 个月：28、29、30 或者 31 天

1 年：365 天（闰年 366 天）

1 世纪：100 年

■ 这些基本的时间是怎么形成的？

1 天：地球绕着地轴旋转 1 圈。

1 个月：月球绕着地球旋转 1 圈。

1 年：地球绕着太阳旋转 1 圈。

■ 1 秒会发生什么？

1 秒，我们的心脏会跳动一下。

1 秒，猎豹会在草原上飞奔 28 米。

1 秒，宇宙当中大约有 79 个星体爆炸而结束"生命"。

4 "一炷香和一盏茶"的时间

中国的古人很喜欢用"一盏茶"或"一炷香"来形容时间，那么一盏茶和一炷香的时间分别是多久呢？

一 盏 茶

"一盏茶"的时间大约是 10 分钟，"一炷香"的时间大约是 1 小时。

5 用猫来计时

你知道猫也能计时吗？上午光线不强不弱，猫的瞳孔就像一颗瓜子；到了中午，太阳当头，猫的瞳孔就收缩成一条线；而晚上天色昏暗，猫的瞳孔就放大得又圆又亮了。所以利用猫的瞳孔变化，我们也能算出大致的时间了。

巧用影子量高度

我们想知道怎样量那棵树的高度。

这很简单，就像我当年量金字塔那样就行了。

您好，泰勒斯，有个问题想请教您。

量金字塔？

简单吧！

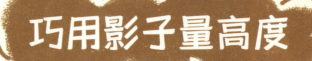

说明那时金字塔的高度也和它影子的长度相同！

古埃及的胡夫金字塔是用超过230万块石块砌成的，非常高。可在2600年前，我到达埃及时，还是决定测量一下金字塔的高度。

1米

1米

如果在一天的某个时刻，木棍的长度和木棍影子的长度相同，说明了什么呢？

一开始，面对这样高的金字塔，我毫无头绪，可有一天，太阳和影子启发了我，这让我想到了一个非常好的办法。

真的假的！不敢相信……

之后，我只用一根木棍便测出了金字塔的高度。

a b b

这是什么原理呢?

在阳光下,物体和影子会形成一个虚拟的三角形,当阳光照射到一定角度时,这个虚拟的三角形的两条直角边一样长,即此时的木棍和影子一样长,金字塔的高度和影子到金字塔底部中心的距离一样长。

一起测量一棵树的高度

想知道一棵树的高度吗?不用爬到树上去,更不用把树砍倒,利用泰勒斯的方法,你就能轻易测出这棵大树的高度。

■ 第一步

选一个阳光充足的日子,站在要测量的树旁边(不要被树荫挡住哦),背对太阳,在对面地上和你身高同长的位置画上记号。

■ 第二步

站在原地,当影子的长度与标记的身高一样时,树的高度也跟影子的长度一样。

■ 第三步

量一量那个树影的长度就可以知道树的高度啦。

27

利用杠杆测质量

这是马博士用秤测量的新数据。

秤能称出物体的质量，你知道这其中的奥秘吗？

杠杆原理：将一个支点放在一根杆的中间，这根杆就能保持平衡。

其实，秤的构造非常简单，它是运用了一个了不起的原理，那就是杠杆原理。

草稿阿姨，你跟昨天又不一样了。

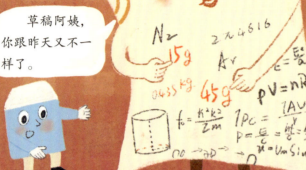

在生活中，杠杆原理随处可见

小朋友玩耍的跷跷板。

老大爷钓鱼时用的鱼竿。

用来开红酒的开瓶器。

用来拔钉子的羊角锤。

用一块小石头做支点，加一根木头就能够做成一个简易的杠杆

让支点在杆臂的中间，空空的杠杆就能平衡。
在这个杠杆的两边，放上等质量的物体，杠杆能够继续保持平衡。

这说明你俩一样重哇！

支点

同样的道理，测量物体质量的秤就是用了这样的杠杆原理

早期的商人，把物品放在手上比较重量，后来他们发明了像跷跷板一样的秤，一边放上表示标准质量的石头，一边放上要称的物体。

秤是这样工作的

如果你想知道一个物体有多重，那就用已知质量的物体同它们进行对比。比如想知道水果的质量，就把它们放在秤的一边，然后在另外一边加砝码，当两边平衡时，说明水果的质量和砝码的质量一样。

世界上最原始的秤

是古埃及人发明的，大约在 7000 多年以前，古埃及人就使用一种悬挂式的双盘秤来称粮食了。

原来秤是这么回事！

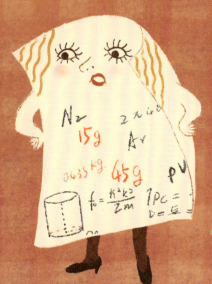

29

稀奇古怪的测量

除了测重，还有很多非常有趣的测量呢。

1 驴力

在马车盛行的年代，人们把用马拉动的力称为马力，而比马小很多的力叫作"驴力"，1 驴力大概也就相当于 1 马力的 1/3，这个单位常常用来形容差劲的器械。

那我擦字迹的力能叫擦力吗？

这就是驴力……

可没有这个单位！

哞，哞！

$A \cap B'$ $P(A) = \sum_{w \in A} P(w)$

$A \cap B$

$A' \cap B$

$A' \cap B'$ $S_n = a_1 \cdot \frac{q^{n-1}}{q-2}$

哞！

2 母牛指数

在美国，有人计算过每 6 亩（1 亩 ≈ 666.7 平方米）地能养活多少只怀孕的牛，所得出的数据，就叫作母牛指数。

3 米奇

动了，动了！

"米奇"是指电脑鼠标能移动的最微小的距离，大概相当于 2.5 厘米的 1/300。

什么嘛，我们肉眼不可能观测到米奇的距离……

4 面包师的一打

通常一打是指 12 个，而面包师的一打是 13 个。古代欧洲的法律规定，如果哪个面包师缺斤短两，就会被砍下一只手。为了避免重量不足，顾客买一打面包时，面包师就会多给一个。

没必要关心这个啦！

买一打面包能吃得完吗？

一买买一打

5 毫海伦

海伦是古希腊神话中一个美丽的王后，古希腊人为了她出动 1000 艘战舰发动战争。值得出动一艘战舰的美女，其美丽度就可以称作 1 毫海伦。

6 最大的时间单位

以银河为中心，太阳转一圈所用的时间约为 2.25 亿 ~2.5 亿年，称为一个宇宙年。

比宇宙年还大的一个单位是卡尔巴，1 卡尔巴相当于 19 个宇宙年。

我是几毫海伦呢？

这个……

嗖——
嗖——

所以……卡尔巴真是难以想象的长哇！

31

"薄"图形，"厚"图形

在几何世界，图形大致能够分成两类，分别是平面图形和立体图形。

薄薄的平面图形

在画画的时候，你能够画出的这些图形就是平面图形，因为它们都在一个平面里。

哈哈，影子好有趣。

■ 圆形

围绕一个点并以一定长度为距离旋转一周所形成的封闭曲线。

■ 三角形

三条线手拉手围成的封闭图形。

■ 梯形

有两条边平行但是又不一样长。

■ 正方形

端端正正，所有边都一样长，4个角都是直角。

■ 长方形

相对着的两条边一样长，4个角都是直角。

看，大家的影子是不同的形状。

我最近是不是胖了？

便利贴

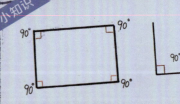

小知识

直角是什么？

直角就是笔直的角，如果用量角器量的话就是90°。

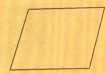

平行四边形，相对的两条边长相等且平行。

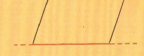

平行是什么？

平行就是两条边无论怎么延长都不会相遇。

正方形、长方形、平行四边形、梯形这四兄弟都是四条边，都属于四边形家族。

这些都是几何图形。

厚厚的立体图形

这些和平面图形不一样，它们的各个部分都不在同一个平面上，所以它们是立体图形。

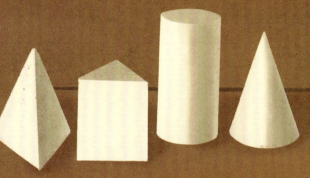

我是球体，简称球，像篮球、足球、乒乓球，都是球。

像我这样上下一样粗，直直的，两头是一样的圆，就是圆柱。我有两个相对的面是完全相等的圆形。

像我这种长长方方，有6个平平的面，而且对面两个面完全相同，就是长方体。

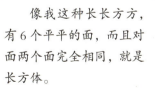

像我这种四四方方的，就是正方体。

正方形之谜

在几何世界，有一个关于正方形的问题曾难倒了不少数学家，这个问题就是"分割正方形"。能够被完全分割的大正方形被叫作"完美正方形"。

怎样把一个大正方形完美地分割出不同大小的小正方形呢?

苏联的数学家鲁金在1902年提出了这个问题。

分割正方形这还不简单，就像我们平时切西瓜一样就行了呀。

如果是分割成相同的正方形，倒是很简单。

咔嚓

咔嚓

这个问题可没有这么简单，因为分割成的小正方形大小不同。数学家们经过反复研究、试验，30年以后，才找到了几个可以分割的完美正方形。

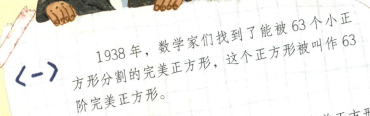

〈一〉 1938年，数学家们找到了能被63个小正方形分割的完美正方形，这个正方形被叫作63阶完美正方形。

〈二〉 之后人们又找到了25阶和24阶完美正方形。

〈三〉 1978年，荷兰学者用大型电子计算机找到了一个21阶完美正方形。

瞧，这个正方形就是21阶完美正方形，它的原始边长是112，被大小不同的21个正方形填满了。

一个困扰了人们70多年的数学问题终于被解开了。

数学问题需要精密计算，反复验证。

最终的结论

数学家们经过精密计算，得出了一个关于"完美正方形"的最终结论：21阶完美正方形是最小的完美正方形，小于21阶的完美正方形是不存在的。

完美正方体？

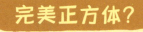

知道了"完美正方形"，人们会很自然地想到"完美正方体"，那么是否存在完美正方体呢？很遗憾，经过试验与计算，证明出完美正方体是不存在的。

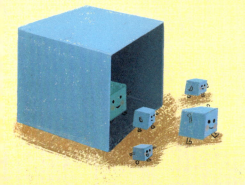

不同寻常的图形

错觉图形

有很多图形会给我们释放假的"信号"，让我们一眼看上去产生错觉，这便是视觉的假象。

那两棵树一样高！

我觉得左边那棵更高点。

眼见不一定为实哦！

（1） 这两条红色线段一样长吗？

（2） 下面的红色图形都是正方形吗？

（3） 上图中的两个红色圆一样大吗？

（4） 这两条红色横线是平行线吗？

揭晓答案

（1）上下两条线段一样长，因为受线段边缘的圆形和箭头影响，才有了一长一短的错觉。

（2）都是正方形。只是因为其他线条的干扰，让我们错以为红色图形的4条边不是直线。

（3）中间的圆其实一样大。只不过因为它们周围的圆大小不一样，造成了中心圆也不一样大的错觉。

（4）两条红色横线是平行线。这两条平行线被多方向的直线所截时，好像失去了原来平行线的特征。

36

没有尽头的图形

所有的纸都有两个面，但是有一种纸带只有一个面，这便是莫比乌斯带，把一个长长的纸条，只翻转一边，然后把两头粘起来，就是一根莫比乌斯带。

> 如果一只小虫子顺着这张纸向前爬的话，可以无限地一直爬下去。

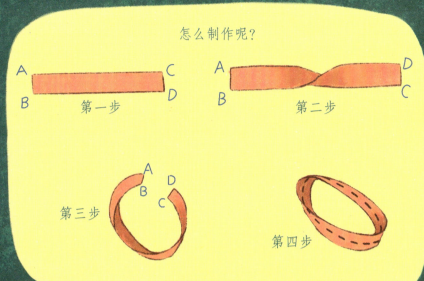

怎么制作呢？

A   C
B   D
第一步

A   D
B   C
第二步

A D
B
C
第三步

第四步

> 这个三角形很不合理！

> 所以这是一个根本无法创造出来的图形。

不可能的图形——彭罗斯三角形

这是彭罗斯三角形，它看上去是个扭曲了的图形，如果盖住其中任意一边，它看上去就是一个正常的图形，但如果三条边在一起看就完全错位了。

彭罗斯阶梯

这座楼梯叫作彭罗斯阶梯，它是一个走不到头的阶梯，你可以在这个楼梯上始终向上，或者始终向下，却永远无法找到最高的一点或者最低的一点，它也是一个"不可能的阶梯"。

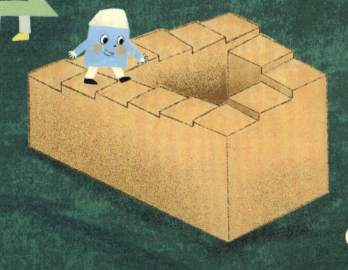

美好的黄金比例

《D 大调奏鸣曲》，这可是老圆规最喜欢的曲子，这首曲子里面有黄金分割。

黄金？分割？

什么是黄金分割？

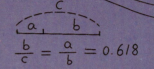

$$\frac{b}{c} = \frac{a}{b} = 0.618$$

把一条线段 c 分割成 a、b 段，b 与 c 的比值与 a 与 b 的比值相等，大约为 0.618，人们认为这是最美的分割，因此被称为"黄金分割"，这样的分割比例便是"黄金比例"。

人体上的黄金比例

肚脐，是身体上下部分的黄金分割点。

肘关节，是肩关节到中指尖的黄金分割点。

芭蕾舞者踮起脚尖，也是为了更接近黄金比例，让视觉美感更强。

主持人站在舞台的 1/3 处，接近 0.618 的位置，显得最和谐。

这样？

再往那边一点。

1/3 处啦！

艺术与黄金比例

《蒙娜丽莎的微笑》，画中人的微笑之所以美，且整幅画之所以看起来如此和谐，都是因为画面的结构符合黄金比例。

作曲家也会将黄金分割引入音乐中。据美国数学家乔巴兹统计，著名音乐家莫扎特的所有钢琴奏鸣曲中有 94% 符合黄金分割的分段。

> 我们刚才听到的《D 大调奏鸣曲》是典型的"黄金曲目"。

> 原来莫扎特也懂黄金分割。

> 老圆规也懂……

建筑中的黄金比例

希腊的帕特农神庙，其立面高与宽的比例接近希腊人喜爱的"黄金分割比"。

在自然界，也可以找到许多黄金比例的例子

蜗牛壳

变色龙的尾巴

花朵

漩涡

蜘蛛网

梅西耶 83 号螺旋星系

> 真有些想老圆规了。

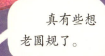

圆与 π 的故事

小妹，你真是画圆的小能手！

1 什么是圆？

在一个平面内，围绕一个点并以一定长度为距离旋转一周所形成的封闭曲线叫做圆。

半径——从圆心到圆上任意点的距离；
直径——圆的最大宽度；
周长——圆自身一整圈的长度。

直径　半径　周长　圆心

相等　相等

如果直接画圆有难度，可以借助圆规，这样就能轻而易举地画出一个完美的圆。

唰！

■ 这些都是圆

衣服上的扣子　饼干　吃饭的盘子　帽子　轮胎

2 π 是什么？

老圆规是不是说过，圆形中有个叫 π 的家伙？

π=3.14159265358979323846264338327950288419716939
9375105820974944592307816406286208998628034 8……

你误会了，π 不是个家伙……

① 在圆身上，存在着一个神奇的比值，用圆的周长除以直径，就能得到这个比值，这个比值就是圆周率。圆周率用希腊字母 π 表示，读作"派"。

② 对于任何圆而言，圆周率都一样。

$$\frac{周长}{直径}=π=3.1415926……$$

派？

③ 圆周率无穷无尽，像宇宙一样没有边际。它约等于 3.14159265，右面还有无限个小数位，当我们日常使用它时，一般写一个近似值，比如 3.14。

π 不可能被精确地计算出来。

3 无处不在的 π

圆周率无处不在，肥皂泡里、夜空中的月亮中、极光中、DNA 的结构中……都存在着 π。

① ■ 太空中的 π
宇宙中的光波、声音、重力，都能找到 π 的存在，这能够帮助科学家探索宇宙。

② ■ 金字塔的秘密
金字塔也藏着 π，比如胡夫金字塔，地面的周长除以高度的两倍等于 π。

③ ■ 弯曲的河流
地球上河流的平均弯曲度就是 π。

河流中没有看到圆形呀？

河流曲曲直直，水流会在最弯的地方抄近路变直，这使得它们的平均弯曲度总是趋向于 π。

④ ■ 藏在 π 里的数
在 π 的数字里，可以找到世界上任何一个电话号码，还有任何人的生日。

我的生日是明天……

50288841971
6939997510
58209974944

祖冲之
祖冲之（南北朝时期），是世界上第一个把圆周率的准确数值计算到小数点后 7 位数的人。直到 1000 年后，这个纪录才被阿拉伯和法国的数学家们打破。

自然中的数学天才

动物天才们

■ "天才设计师"——蜜蜂

蜜蜂的蜂巢是由很多个六边形组成的，一个挨着一个，没有一丝缝隙，这可是蜜蜂凭着自己本能选的正六边形。

> 为什么我们的房子是正六边形的呀？

> 因为我们要储藏很多的蜂蜜。

> 我们建房的形状需要节省空间，符合这一要求的只有正三角形、正方形和正六边形。

有缝隙

有缝隙

> 盖房要求：不要留丝缝隙

> 我们需要很牢固的房子，正方形不稳定，用它做房子很容易倒塌。
>
> 同时房子还得节约材料，而建同样大小的房子，三角形要建的边更多。

> 这个也不行。

> 这个不行！

哗啦啦

又大又牢固

又节省蜂蜡

> 六边形是最理想的形状。

■ 蚂蚁能够按照食物的大小等比例地分配蚁群。

> 你们几个去那儿！

保持队形！

■ 丹顶鹤迁徙时永远保持夹角是 110° 左右的人字形。

■ 海中的珊瑚虫，每天都在自己身上画一道纹。

一年画 365 道纹。

一年画 400 道纹。

现在，每年有 365 天。

3.5 亿年前，昼夜只有 21.9 小时，每年是 400 天。

耶，有吃的！

■ 向日葵的种子，从里向外排列的数正好是黄金分割数列。

■ 壁虎捕食时，爬行形成的曲线，是条数学"螺旋线"。

■ 每一片雪花都是六边形，而且完全对称。

■ 车前草相邻的叶子之间角度基本都是 137.5°，这是数学上的"黄金角"。

他在@#￥&……

■ 鼹鼠的视力很差，但它们挖隧道时，拐弯角度却近乎直角。

嘿，你们见过老圆规吗？

你说什么？！

呼噜一

■ 猫咪冬天把身体蜷成一个球，球形表面积小，散热少。

43

生活离不开数学

那你们一定知道地图上1厘米到底是多长吧？

蜜蜂先生，我们来自数学王国，我们想向您打听……

什么？你们来自数学王国？

地球很大，地图很小，这是运用了数学上的"比例"，每张地图都有一个比例尺，实际的距离或者大小，按照这个比例缩放到了地图上。

如果比例尺是1：10万，那么地图上1厘米代表实际中的100000厘米呢。

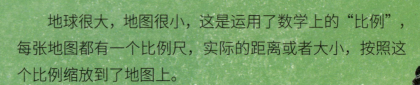

还有，飞机为什么飞直线？

飞机的飞行路线一般都是直的，这是因为把两个点连接起来，线段的距离是最短的，所以飞机选择飞直线，这样从一个城市到另一个城市的路程最短。

电视机的屏幕设计的比例是16：9，这是应用了数学上黄金分割的原理，因为16÷（16+9）= 0.64，接近黄金分割0.618，这样看电视的时候就会感觉很舒服。

电视机的屏幕！

再比如打折是怎么回事？

我们想知道……老圆规……

超市或者商场的商品打折，就是在商品原价的基础上进行了优惠，原价 × 折扣 = 优惠价，如果原价是60元，打"9折"就是60×0.9=54元。

扑棱棱！

超市

蜜蜂先生，麻烦您先告诉我们老圆规的情况。

等我把队伍排好。对了，怎样排出整齐的队伍？

如果只能看到前面人的后脑勺，队形就是直的。

两个点确定一条直线，把两个人假想成两个点，他们就确定了一条直线，当第三个人站在这条直线上时，就只能看到相邻的人的后脑勺。

如果能看到前面好几个人的后脑勺，说明队伍歪了。

很荣幸跟你们讨论数学问题……
井盖为什么是圆形呢？

井盖之所以做成圆形，是为了确保盖子不容易掉下去。
如果做成三角形或者四边形，会有掉下去的危险。

而且圆形相对于三角形、正方形来说，所用的材料也少一些，这样可以大大节省制造费用。

蜜蜂先生，我们想向您打听老圆规的去向。

他……躲了起来，因为他再也画不出一个完美的圆……

对话数学家

数学在生活中有什么用呢？

数学能改变我们思考的角度，可以让我们在生活中想到更简单的解决办法。我9岁时，老师曾布置过一道数学题：1+2+3+……+100=？我用首尾相加的办法很快就得出了答案，这就是化难为易的办法。

高斯（德国）
数学家、几何学家等
重大成就：画出世界上第一张地球磁场图。

欧几里得（古希腊）
"几何之父"

您既是数学家，也是哲学家，在您看来数学跟其他学科有关系吗？

有很大关系，比如音乐中就有数的奥秘，最直观的就是，乐器的琴弦的长度不一样，因此音色不同。通过数学，也可以对其他学科进行研究，不信的话，你可以问下面这位先生。

毕达哥拉斯（古希腊）
数学家、哲学家
重大成就：证明了勾股定理。

没错，数学能够创造无限的可能性，运用数学思维研究物理，是我最喜欢做的事情之一。顺便说一声，经过周密的演算，在条件允许的情况下，撬动地球也不是不可能的。

给我一个支点，我就能撬动整个地球。
——阿基米德

阿基米德（古希腊）
数学家、科学家、物理学家
重大成就：研究出几何体表面积和体积的计算方法；发现浮力定理、杠杆原理。

我来说说吧，俗话说数（数学）、理（物理）不分家，学习数学能够培养我们更周密的思维，有了更精细缜密的思维和发现力，也许你也能成为其他"引力"的发现者。

牛顿（英国）
数学家、物理学家
重大数学成就：证明了广义二项式定理等。

数学和科技发展的关系是什么？

毫不夸张地说，数学能够推动科技的发展，在计算机发明阶段，是因为数学上的"二进制"突破了发明的瓶颈。不过，提到科技不得不说人工智能，这一点图灵比我更清楚。

冯·诺伊曼（美国）
数学家、计算机科学家
重大成就：对世界上第一台计算机设计提出了建议。

黎曼（德国）
著名数学家，开创了黎曼几何。

不得不说，没有数学便没有计算，如果没有计算，就不可能有人工智能。

欧拉（瑞士）
数学家、自然科学家

祖冲之（中国）
数学家、天文学家
重大数学成就：首次将"圆周率"精算到小数第七位。

图灵（英国）
数学家，人工智能之父

圆规小妹会代替我画出更完美的图。

废物

47

图书在版编目（CIP）数据

这就是数学 / 恐龙小Q少儿科普馆编. — 北京 ：北京出版社，2023.1
　（哇，科学可以这样学）
　ISBN 978-7-200-17198-3

　Ⅰ．①这… Ⅱ．①恐… Ⅲ．①数学 — 少儿读物 Ⅳ．①01-49

　中国版本图书馆 CIP 数据核字（2022）第 098018 号

哇，科学可以这样学
这就是数学
ZHE JIU SHI SHUXUE

恐龙小 Q 少儿科普馆　编

*

北 京 出 版 集 团
北 京 出 版 社　出 版

（北京北三环中路 6 号）
邮政编码：100120

网　　　址：www.bph.com.cn

北 京 出 版 集 团 总 发 行
新 华 书 店 经 销
北京天恒嘉业印刷有限公司印刷

*

710 毫米 ×1000 毫米　8 开本　7 印张　120 千字
2023 年 1 月第 1 版　2023 年 1 月第 1 次印刷
ISBN 978-7-200-17198-3
———————————————
定价：68.00 元

如有印装质量问题，由本社负责调换
质量监督电话：010-58572393

恐龙小 Q

　　恐龙小 Q 是大唐文化旗下一个由国内多位资深童书编辑、插画家组成的原创童书研发平台，下含恐龙小 Q 少儿科普馆（主打图书为少儿科普读物）和恐龙小 Q 儿童教育中心（主打图书为儿童绘本）等部门。目前恐龙小 Q 拥有成熟的儿童心理顾问与稳定优秀的创作团队，并与国内多家少儿图书出版社建立了长期密切的合作关系，无论是主题、内容、绘画艺术，还是装帧设计，乃至纸张的选择，恐龙小 Q 都力求做得更好。孩子的快乐与幸福是我们不变的追求，恐龙小 Q 将以更热诚和精益求精的态度，制作更优秀的原创童书，陪伴下一代健康快乐地成长！

原创团队

创作编辑：大阳阳
绘　　画：王巧彬
策 划 人：李　鑫
艺术总监：蘑　菇
统筹编辑：毛　毛
设　　计：王娇龙　赵　娜